Lacvivier et Couderc.

Notice sur l'Établissement
thermal des anciens
thermes de Vernet.
2e Éd. P. 1851.

❋

ÉTABLISSEMENT THERMAL

Des Anciens Thermes de Vernet.

❋

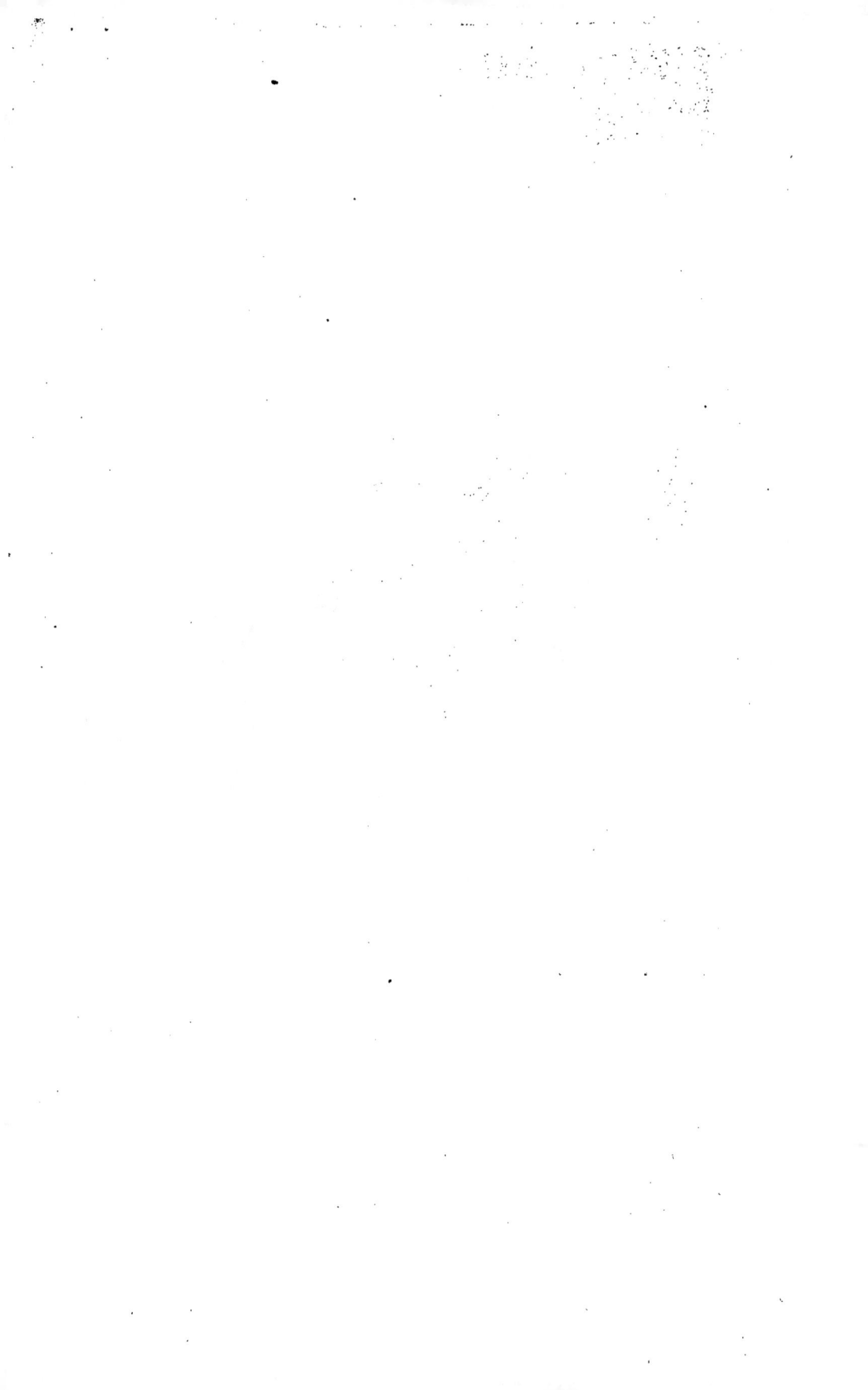

VERNET - LES - BAINS.

VUE D'UNE PARTIE DE L'ÉTABLISSEMENT THERMAL DES COMMANDANTS.
(PYRÉNÉES-ORIENTALES.)

NOTICE

SUR

L'Établissement Thermal

DES ANCIENS THERMES

DE

VERNET,

PYRÉNÉES-ORIENTALES.

2e Édition.

PERPIGNAN,

Imprimerie de Mademoiselle Antoinette TASTU -- 1851.

1851

NOTICE

SUR

L'ÉTABLISSEMENT THERMAL

DES ANCIENS THERMES DE VERNET,

Le village de Vernet-les-Bains est situé dans la vallée la plus pittoresque des replis que forme le Canigou, premier et gigantesque anneau de la chaîne des Pyrénées, à 50 kilomètres de Perpignan, à 105 kilomètres de Toulouse et 115 de Montpellier. (1)

La route de Perpignan à Vernet, successivement améliorée et rectifiée, est aujourd'hui l'une des plus belles de France et peut-être la mieux entretenue qui existe. Bordée de grenadiers, d'aloës, de cactus et même çà et là d'orangers et de lauriers en pleine terre, elle serpente bientôt le long des terrains entre des vignes et des

Note 1. On peut venir de Paris à Montpellier en deux jours, par les chemins de fer et les bateaux à vapeur; en huit heures on est transporté de Marseille à Montpellier par les chemins de fer.

oliviers, au pied de montagnes arides, mais imposantes, sur le flanc desquelles de riches villages sont groupés en amphithéâtre, comme autant de panoramas offerts au voyageur; plus loin, elle traverse de vertes prairies, des champs fertiles qui donnent trois récoltes par an, grâce à l'active industrie des habitans, à l'excellent système d'irrigation introduit par les Maures, et au soleil ardent du Roussillon.

La route serpente de plus en plus à mesure qu'elle s'élève et présente des accidens de terrains plus variés, des conditions plus diverses de végétation, de culture et de sauvagerie; à chaque détour qu'elle fait pour passer d'une vallée dans une autre, elle présente inopinément des sites imprévus et des points de vue nouveaux jusqu'à l'arrivée à Vernet.

Deux voitures publiques, bien établies, partent chaque jour de Perpignan; l'une, le matin à dix heures et demie, et l'autre à dix heures du soir. Une ligne de poste est établie jusqu'à Vernet, et les relais, convenablement espacés, sont régulièrement servis.

MM. Couderc et de Lacvivier possèdent à Vernet trois établissemens thermaux pour l'administration des caux, dont les ressources ont été chaque année accrues et utilisées.

Le tableau suivant permettra d'apprécier, d'un seul coup d'œil, la composition chimique, la température et le volume de chaque source; par conséquent, le parti

que la thérapeutique en peut tirer , suivant les différentes indications qui se présentent au praticien.

Sources Minérales de MM. Couderc et de Lacvivier.

Les sources primitives de l'ancien établissement ont
été *captées* dans un immense réservoir creusé dans le
roc , contenant 60 mètres cubes d'eau thermale , à l'abri
du contact de l'air ; c'est de ce réservoir que partent
les eaux destinées au service de l'ancien établissement
situé plus bas.

EXTRAIT

D'un rapport sur les eaux minérales naturelles , lu à l'Académie Royale
de Médecine par M. le docteur Patissier , le 14 avril 1841.

VERNET , (1) (Pyrénées-Orientales.)

« Les sources sont si variées qu'on y observe des
« eaux analogues à celles de Barèges, Bonnes , St.-
« Sauveur.

(1(L'établissement de MM. Couderc et de Lacvivier paraît destiné
à la plus haute prospérité , et offre des baignoires dans lesquelles
l'eau pénètre de bas en haut et conserve tous ses gaz , des douches
très puissantes , un climat tempéré , des sites admirables et des ressources de tous les genres aux personnes qui viennent y rétablir leur
santé.

EXTRAIT

D'un rapport de M. le Docteur Fontan , chargé par le Ministre du Commerce d'analyser les eaux minérales des Pyrénées.

« Les eaux de Vernet sont situées au pied du Ca-
» nigou..... Elles doivent à cette position d'être les plus
» sulfureuses du Roussillon. Ces eaux, comme celles
» de la chaîne des Pyrénées, doivent être rangées dans
» la classe des eaux sulfureuses naturelles; elles sont
» composées de sulfidrate de sulfure de sodium, qui en
» forme le principe le plus actif; de sulfate de soude,
» de chlorure de sodium, de sélicate et d'un peu de
» carbonate de soude; elles contiennent, en outre, des
» traces de chaux, de magnésie, de fer et d'alumine.

» Anglada et M. Bouis , de Perpignan , ont donné
» une bonne analyse de ces eaux; et je ne diffère d'opi-
» nion avec ces auteurs qu'en ce qu'ils n'ont admis la
» soude qu'à l'état de carbonate , tandis qu'elle existe
» principalement à l'état de sélicate , et que celle qui
» existe à l'état de carbonate est en petite proportion, .
» et en ce que j'ai trouvé que ces eaux contenaient des
» traces de fer que ces Messieurs n'avaient pas admises.
» Le tableau suivant indique la proportion du principe
» sulfureux.

TABLEAU des températures et du principe sulfureux des anciens thermes de Vernet.

NOMS.	TEM-PÉRATURE.	SOUFRE pour un litre.	SULFURE de sodium.
1° Source n° 2, du vaporarium..............	58,00	0,080	0,0248
2° Source n° 1, au griffon.	57,55	0,072	0,0223
3° Source supérieure du jardin..............	45,20	0,060	0,0186
4° Source de la remise...	41,00	0,058	0,0180
5° Source inférieure du jardin :.............	51,30	0,052	0,0161
Bains de la Maison Neuve.			
6° Source supérieure du jardin..............	43,00	0,044	0,0136
7° Source inférieure du jardin.......	33,00	0,032	0,0099
Bains d'Elisa.			
8° Source Élisa........	33,40	0,034	0,0105

» Si les propriétés chimiques analogues des eaux sont
» à peu près les mêmes, elles permettent d'établir quel-
» que analogie entre les sources d'une localité et celles
» d'une autre, je dirai que les sources de l'établissement

» de MM. Couderc et de Lacvivier ont un grand rapport
» avec les sources du groupe de l'est, de Cauterets.

» La source n° 2 du vaporarium a de l'analogie avec
» les sources de Pauze et de Bruzaut, et les sources du
» jardin, quand elles sont au bâtiment neuf, ressem-
» blaut à Bruzaut aux bains. Quant à la source Elisa,
» elle a la plus grande analogie avec les sources du petit
» St-Sauveur, de Cauterets.

» D'après ces analogies, ont voit que l'on peut don-
» ner avec succès la source du vaporarium pour les
» rhumatismes chroniques et les maladies scrofuleuses ;
» les sources du bâtiment neuf pour les rhumatismes
» nerveux, et la source Elisa pour les affections ner-
» veuses proprement dites et les mitrites chroniques
» indolentes.

» MM. Couderc et de Lacvivier, par leur zèle et les
» soins qu'ils apportent à donner à leur établissement
» toute la valeur qu'il est susceptible d'acquérir, sont
» dignes à tous égards de la bienveillance du gouver-
» nement.   *Signé :* Fontan.

EXTRAIT

Du rapport de M. FRANÇOIS, ingénieur des mines, chargé, conjointe-
ment avec M. le Dr FONTAN, de l'examen des eaux minérales
des Pyrénées.

Vernet... D'après ces travaux, l'état des sources, de
leur température et de leur débit en 24 heures est le
suivant :

Désignation des Sources.

DÉSIGNATION DES SOURCES.	TEMPÉRATURE.	CUBAGE.
		Litres.
Source n° 1 , servant aux douches.	57,55	24,480
Source n° 2, du vaporarium .	58,00	25,200
Source du jardin, n° 3 , supérieure.	45,20	15,840
Source du jardin , n° 4 , inférieure.	51,30	13,100
Ces sources alimentent les bains neufs , concurremment avec d'autres qui suivent.		
N° 3 au cabinet n° 1 , le plus près.	35,00	
N° 4 , *idem*.	43,00	
N° 3 , au cabinet n° 6 , le plus éloigné.	33,50	
N° 4 , *idem*.	41,25	28,800
Source de la remise n° 5 , au griffon.	41,00	
Source inférieure du jardin n° 6 , *idem*.	37,00	
Source Elisa n° 7, à la source. .	33,00	
Idem , *idem* au bain n° 2.	32,50	3,060
Idem à la buvette.	29,00	

Dépense totale , en 24 heures.. 110,480

Lors de notre visite, on ne put découvrir deux sources recueillies à l'angle sur les bains. En outre, par suite de travaux faits, sur mon indication, par M. Couderc, le volume de la source Elisa serait augmenté dans le rapport de 11 à 29 et s'élèverait par conséquent à 8,086 litres, à 33 degrés dans le bain, soit une augmentation de 5,026 litres.

Les sources supérieures sont convenablement aménagées sur leurs griffons; et je crois qu'il y a toute chance d'augmenter un jour, s'il y a lieu, le débit de toutes ces sources, et surtout de celles inférieures, les réservoirs sont parfaitement établis, etc. En dehors des avantages résultant de ces dispositions, qui prouven tune administration bien entendue des eaux sulfureuses, j'ajouterai qu'à Vernet la température est convenable, et permet l'usage des eaux pendant une grande partie de l'année.

Signé : François.

EXTRAIT

Du compte rendu des travaux de la Société Philomatique de Perpignan, pendant 1856.

Analyse de l'ancienne source Riubanys en 1834 par M. Bouis, professeur de chimie à Perpignan.

(Aujourd'hui cette source, appelée source mère, appartient à MM. Couderc et de Lacvivier.)

» ...... L'eau de cette source, dit M. Bouis, est » parfaitement transparente, incolore, elle tient en sus-

» pend des filamens de glairine, qui se dépose avec
» assez d'abondance dans les canaux d'écoulement. Son
» odeur, sa saveur, présentent le caractère significatif
» des sulfureuses des Pyrénées, qu'on ne peut mécon-
» naître avec un peu d'habitude. Son poids spécifique
» se rapproche sensiblement de celui de l'eau distillée.
» Elle est onctueuse à la peau. Sa température est à 55°
» c.; la source fournit 80 litres par minute. Cette
» source doit se placer au premier rang parmi nos sul-
» fureuses favorablement situées; par ses propriétés mé-
» dicales, elle est l'émule des eaux de Barèges, Arles,
» Vernet, anciens bains.

Signé : Bouis.

SOURCE DE LA COMTESSE.

On sait que les eaux minérales prises en boisson se-
condent très utilement, dans un grand nombre de maladies, l'emploi des bains, des douches et des vapeurs,
et que même, dans beaucoup de cas, elles opèrent isolément des cures très remarquables. Les propriétaires, en
même temps qu'ils travaillaient à étendre, à perfection-
ner et à compléter leur système balnéaire, ont dû, par

conséquent, ne pas négliger de faire placer aux différentes sources des fontaines avec des robinets pour le
service des malades. Ces fontaines ou buvettes sont aussi
nombreuses que les sources mêmes ; mais il en est quatre principales qui doivent être signalées. La première
est celle de la Comtesse. Sa température de 8° c. seulement, son goût agréable et ses qualités digestives, to-
niques et diurétiques, la font particulièrement rechercher.
Comme elle est peu chargée en principes, les personnes
les plus délicates peuvent en faire usage. On en fait
usage aux repas.

La seconde est celle de la source Elisa, dont la température de 33° c. se trouve abaissée, par des refrigé-
rans souterrains mis en contact avec le tuyau de conduite,
à 16° c. sans altération de principes.

La troisième est celle de la source Aglaé, découverte
en 1850. Sa température est de 20° c., elle offre les
mêmes avantages que la source Elisa, et peut, par la
suite, être utilisée en bains.

La quatrième enfin et la plus importante est celle de
la source n° 2 des anciens termes, que représente exactement, sauf une plus grande élévation de température,
les Eaux Bonnes, source vieille. Cette dernière, ainsi
que celle d'Elisa et la source Aglaé, mises soigneusement en bouteille, conservent toutes leurs propriétés,
et peuvent s'expédier sans inconvénient à de grandes
distances.

OBSERVATIONS THERMOMÉTRIQUES

FAITES A VERNET, A L'ANCIEN ÉTABLISSEMENT THERMAL.

Résumé des Observations, par M. MATHIEU, membre de l'Institut.

		OCTOBRE.				NOVEMBRE.				DÉCEMBRE.			
		9 h. du matin.	Midi.	3 h. du soir.	9 h. du matin.	9 h. du matin.	Midi.	3 h. du soir.	9 h. du soir.	9 h. du matin.	Midi.	3 h. du soir.	9 h. du soir
Température.	Moyenne...	13,3	16,4	16,4	15,2	6,4	10,6	10,0	7,4	9,5	11,6	12,0	9,7
	Maximum..	42,2	23,2	26,2	23,2	11,2	13,2	18,2	14,2	19,2	21,2	20,2	18,2
	Minimum..	8,2	9,2	10,2	8,2	1,2	7,2	4,2	2,2	3,2	9,2	7,2	5,2
Jours.	Beau.....	18				24				9			1/2
	Nuageux...	3				4				1			mois.
	Couvert....	5				2				5			
	Pluvieux...	5				»				»			

Comme on peut le voir d'un seul coup d'œil, ces différentes sources, par leur composition et leur température, offrent au praticien dans un étroit espace, un véritable *spécimen* des eaux sulfureuses les plus accréditées des Pyrénées, telles que Barèges, Luchon, St-Sauveur, Eaux Bonnes, etc. etc. ; il peut donc avoir en même temps sous la main l'équivalent des sources qu'on ne trouve ailleurs que séparées, et qu'on regarde comme les plus propres à combattre *les rhumatismes aigus* ou *chroniques; ou les névralgies et les névroses ;* ou bien les *affections de la peau et des membranes muqueuses;* ou bien encore les *maladies des organes de la respiration, de la disgestion, de la génération dans les deux sexes.* Je me contenterai de cette simple indication, parce que l'efficacité des eaux sulfureuses contre ces infirmités est établie depuis des siècles, et parce qu'il me répugne d'imiter ces interminables nomenclatures qui semblent faire de chaque eau minérale une panacée universelle. Je ferai seulement remarquer deux choses, que savent d'ailleurs parfaitement tous ceux qui se sont occupés d'eaux minérales au point de vue pratique :

1° Parmi les eaux thermales hydro-sulfureuses, pour ne parler que de celles qui doivent nous occuper, il est des nuances de composition chimique presque insignifiantes, des différences de température d'un simple degré centigrade, qui sont accompagnées d'une action plus ou moins énergique sur l'économie, et suivies de résultats thérapeutiques très différens. Tantôt l'excitation est trop vive, tantôt elle n'est pas suffisante. La *glairine* paraît jouer un rôle bien important dans ce mode d'action ; car les eaux sulfureuses qui en contiennent peu sont *dures*, *irritables;* tandis que les plus onctueuses sont mieux supportées, quoique leur action curative soit très puissante. D'un autre côté, les eaux très chaudes qu'on fait rafraîchir, même à l'abri du contact de l'air, n'ont pas exactement les mêmes qualités que celles qui sourdent à quelques pas de distance, à une température qui permet d'en faire usage immédiatement. Je ne parle pas de celles qu'on est obligé de faire chauffer pour les administrer en bains, ni de celles qu'il faut élever à l'aide de pompes, etc., etc. On sait avec quelle promptitude les eaux sulfureuses perdent leur gaz, rien qu'en tombant d'un peu haut dans une baignoire, et combien cette évaporation de l'azote, de l'hydrogène et de l'acide carbonique modifie instantanément toutes les autres combinaisons.

..... Mais ce que la chimie et la physique ne peuvent expliquer, c'est le changement qui en résulte dans le mode d'action des mêmes eaux après ces légères et rapides modifications ; et quand bien même elle pourrait en rendre compte un jour (on finit toujours par tout expliquer tant bien que mal) il n'en resterait pas moins incontestable que les sources les plus voisines qui se res-

semblent le plus en apparence, présentent des différences très grandes dans leur mode d'action; différences dont on ne peut imiter les avantages ou faire disparaître les inconvéniens, en chauffant artificiellement celles qui sont trop froides, en laissant refroidir celles qui sont trop chaudes, ni même en mélangeant des eaux de sources différentes.

Le praticien ne peut donc compter sur des propriétés *invariables* que pour chaque source administrée dans son état le plus naturel. Seulement plus il y aura de sources différentes à sa disposition, plus il pourra varier *sûrement* les moyens d'action, suivant les circonstances qui pourront se présenter.

2° Les mêmes maladies, ou plus tôt les maladies qui portent le même nom dans les cadres nosologiques, n'ont pas toutes les mêmes caractères, le même degré d'intensité, d'acuité, etc., etc.; elles diffèrent aussi suivant les périodes, suivant l'ancienneté, la durée, etc. etc.; elles diffèrent surtout suivant la constitution, l'âge, le sexe, etc., etc., de chaque malade; d'un autre côté, l'effet *immédiat* des eaux n'est pas le même non plus suivant les tempéramens, les idiosyncrasies des divers malades; la même affectation rhumatismale ou cutanée, par exemple, chez un individu robuste ou lymphatique, demandera des eaux sulfureuses plus chaudes, plus actives pour produire une modification curative suffisante; et les mêmes eaux ne seraient pas supportées par des malades faibles, nerveux, irritables; — les plus douces et les plus onctueuses produiront assez d'effet, encore devront-elles être employées avec ménagement.

Enfin il est des idiosyncrasies, des anomalies accidentelles, inexplicables, imprévues même, quant à la manière dont les divers organes sont impressionnés par telle ou telle eau sulfureuse; et cela, non seulement chez des individus très différens d'âge et de tempérament, encore chez le même individu, suivant les phases de la même maladie et les dispositions du moment.

Tel qui n'a pu supporter les eaux de Barèges, par exemple, se trouve bien de celles de Luchon ou de St.-Sauveur, et réciproquement. S'il n'existe qu'une source thermale dans un établissement, l'inspecteur ne s'obstinera pas, sans doute, à l'administrer malgré l'insuccès des modifications qu'il aura tentées dans l'emploi de cette source unique; mais il ne peut savoir au juste *à priori* si son malade se trouvera mieux ailleurs; si telle source qu'il lui recommande sera bien celle qui lui conviendra le mieux.

Au contraire, quand un grand nombre de sources différentes sont groupées dans un espace de quelques centaines de pas, l'inspecteur peut les essayer successivement, avec prudence, en suivant les effets variés, jusqu'à ce qu'il ait trouvé celle qui convient le mieux au cas particulier, aux dispositions individuelles au moment présent; et cela sans déplacement pour le malade, avec bien plus de certitude, puisqu'il ne le pert pas de vue, et profite des essais, même les plus infructueux, pour éclairer son diagnostic et guider sa thérapeutique.

Mais il est inutile d'insister sur un avantage aussi précieux, aussi patent que celui d'avoir sous la main des sources variées dont les qualités particulières ne se trouvent, ailleurs, que disséminées, séparées même par des distances considérables. Il n'est personne qui ne comprenne tout le parti qu'on peut tirer, pour des étuves, pour des douches, etc., etc., d'une source ayant 58 degrés de température et 4 mètres de chûte. Tandis qu'un peu plus loin, d'autres sources très-abondantes de 57, 45, 41, 33°, etc., etc., avec des proportions différentes de soufre, d'iode, de glairine, etc., etc., peuvent être administrées en bains; en même temps que d'autres plus tempérées peuvent être employées en boisson, comme celles des *Eaux Bonnes,* par les malades auxquels de plus chaudes ne conviennent pas sous cette forme, du moins dans un moment donné. Il n'y a pas jusqu'à la petite source de la Comtesse, qui n'ait son importance à cause de la température *froide,* qui permet d'en faire usage pendant les repas, sans la moindre répugnance.

Le rapprochement de sources diverses ne dépend pas, il est vrai, de la volonté de l'homme; il n'a pas le droit de s'en faire un mérite; mais il peut faire ressortir des avantages naturels qu'aucune puissance humaine ne

saurait créer, et son devoir est d'en tirer le plus grand
parti possible au profit de l'humanité.

Voyons maintenant ce que l'art a fait des moyens dont
il pouvait disposer.

Sous l'immense voute des anciens thermes on a construit, en granit, un vaste *vaporarium,* à huit loges, sur
les données des eaux d'Aix en Savoie. Il reçoit une vapeur
abondante à la température de 44 degrés, et procure, en
quelques minutes, une sueur qui ruisselle de tout le
corps. Sur les côtés du *vaporarium,* des cabinets de
repos, à 24 degrés de chaleur constante, permettent au
malade de se reposer enveloppé de couvertures, en con-
tinuant à transpirer mollement étendu, avant de l'exposer
à la température moins élevée des escaliers et des corridors, pour regagner sa chambre.

C'est ainsi que les orientaux entendent et pratiquent
le *kief* avec tant de délices en sortant de leurs étuves,
pour gagner ensuite des salles de moins en moins chaudes.

— A Vernet, par ces transitions ménagées, il est im-
possible, même en hiver, comme on le verra bientôt, que
la transpiration soit arrêtée ou trop brusquement ralentie.

Au-dessus du *vaporarium,* on a construit une *salle
d'aspiration,* de sept mètres carrés d'étendue et de cinq
mètres de hauteur, pour les malades qui ont besoin de
respirer des vapeurs d'eau sulfureuse, et s'échappent par
des ventilateurs ménagés à la voûte, en sorte que l'air et

la vapeur sont continuellement renouvelés. Cette quantité de vapeur, ainsi que la température de l'air, sont réglées à volonté, par le moyen des tubes d'émission et des ventilateurs.

Si les eaux sulfureuses sont très-utiles contre les affections chroniques des poumons et du larynx, lors même qu'elles ne sont administrées qu'en boisson, comme *Eaux Bonnes*, combien leur action ne doit-elle pas être plus rapide et plus puissante quand elle est directe, quand ces eaux sont mises en contact immédiat avec les organes affectés; c'est ce que tout le monde comprendra; c'est ce que les malades eux-mêmes avaient pressenti, ou plutôt expérimenté, — car ils se tenaient autant que possible autour du *vaporarium*, sous cette immense voûte des anciens thermes, toujours remplie d'épaisses vapeurs, dégagées des étuves et des cabinets des douches; — mais s'ils se trouvaient bien de respirer ces vapeurs, leur présence gênait le service, et c'est pour cela que fut construite, au-dessus du *vaporarium*, la salle d'aspiration qui leur fut exclusivement consacrée.—C'est sous l'observation la plus empirique; c'est l'expérience personnelle des malades qui a conduit à l'application en grand, et la théorie n'est venue qu'après, si toutefois on peut appeler ainsi cette conception si simple : que les eaux thermales doivent agir plus promptement et plus énergiquement quand elles sont introduites directement à la surface des organes malades, que lorsqu'elles n'y parviennent qu'après avoir passé des organes digestifs dans le sang.

On sait, d'ailleurs, que la surface pulmonaire est la voie la plus étendue et la plus favorable ouverte à l'absorption. C'est même pour cela que les vapeurs d'éther, de chloroforme, etc. agissent avec tant de promptitude sur l'économie par la respiration. Chez les malades soumis à l'action seule des vapeurs d'eau sulfureuse, l'absorption est si rapide qu'ils observent un changement notable dans l'odeur et dans l'aspect des urines qu'ils rendent après être restés seulement une heure dans la salle d'aspiration, et la plupart y passent quatre ou cinq heures par jour en plusieurs séances. Il faut donc voir dans cette médication par les vapeurs autre chose encore qu'une action — purement locale ; et la modification générale que doit en recevoir l'économie est peut-être la plus importante pour amener une guérison durable, car l'affection des organes respiratoires ne doit pas être envisagée isolément.

Sous la même voûte des anciens thermes, en face du *vaporarium*, on a construit trois salles de douches terminées en arceau. Chacune d'elles a 4 mètres d'élévation. Des réservoirs établis au-dessus de chaque salle permettent d'administrer les douches à toutes les températures, et même de les faire varier, au besoin, pendant la durée de la douche, par le mélange d'eaux thermales venues de plus haut. La température est exactement indiquée au *surveillant* par un flotteur muni d'un thermomètre. —

Dans ces trois salles, on peut administrer des douches
locales de vapeur; des douches en arrosoir, d'autres à jets
pleins, de toutes les dimensions; des douches latérales
sur toutes les parties du corps; enfin des douches ascen-
dantes, périnéales, anales ou vaginales.

Les réservoirs *partiels* disposés au-dessus de chaque
salle permettent aussi d'administrer alternativement, au
même malade, des douches froides après les douches les
plus chaudes, sur la même partie, ou sur des parties
différentes.

Ainsi des douches très-chaudes, administrées sur les
pieds et sur les jambes, peuvent d'abord produire une
puissante congestion vers les membres inférieurs, en
même temps qu'elles enveloppent le malade d'une vapeur
épaisse; ensuite, une douche écossaise, tombant en pluie
fine et froide sur la tête, peut produire un effet sédatif
d'autant plus puissant que le contraste est plus subit et
plus tranché. — Autre exemple : une douche très-chaude
sur les reins, les lombes et le périné produit une vive
rubéfaction à la peau, une puissante excitation dans les
nerfs sous-jacens qui se distribuent aux organes génitaux.
— Ce premier effet pourrait être aussi fâcheux que celui
des cantharides s'il restait isolé. Mais lorsqu'à cette douche
très-chaude en succède une autre très-froide, sur les
mêmes parties, la rubéfaction qui continue, est accompagnée d'un resserrement énergique de la peau et des lestus
sous-jacens. L'effet tonique, lent, durable et curatif,

produit par le froid, corrige l'excitation vive, mais passa-
gère, produite par la douche sulfureuse chaude, et qui
bientôt aurait été suivi d'un relâchement prononcé dans
tous les tissus et d'une faiblesse plus accablante, sans
l'intervention de la douche froide.

Bien entendu que la percussion, proportionnée à la
hauteur de la chûte et au volume du jet, augmente encore
beaucoup les effets de la chaleur et du froid.

La réaction provoquée par la douche froide, cette
réaction sur laquelle compte le praticien pour rendre aux
organes une énergie *calme et permanente*, a besoin
d'être soigneusement aidée chez les tabescens tombés le
plus souvent dans un état de faiblesse et de susceptibilité
qui réclame la plus grande attention. — Une extrême
débilité, qu'elle qu'en soit la cause, est toujours accompagnée de désordre et d'instabilité. — Dans les fonctions
du système nerveux, l'action du froid peut la régulariser,
la modifier profondément ; mais elle peut avoir des
résultats plus funestes qu'avantageux quand la réaction ne
se fait pas ou s'établit lentement, incomplètement. Il
faut donc qu'elle soit préparée et favorisée de manière à
ne pas exiger trop d'effort de l'économie épuisée. — C'est
ce qu'on obtient en faisant précéder les douches très-
chaudes, qui produisent une vive excitation à la peau en
même temps qu'elles développent autour du malade une
atmosphère de vapeurs, dont la température élevée
permet aux plus faibles d'employer le peu de forces dont

ils peuvent disposer à réagir contre l'impression locale et subite d'un froid très-vif, mais de courte durée. — On sait que dans les bains russes les lotions froides, les frictions à la neige, etc., etc., sont d'autant mieux supportées qu'on sort d'étuves plus chaudes ; — loin d'être pénibles, comme on est tenté de le croire, ces impressions sont même agréables, quand elles succèdent à une température étouffante ; et l'on rentre ensuite dans ces étuves avec autant de plaisir qu'on en était sorti, pour chercher l'impression du froid.

La combinaison de ces deux ordres de moyens peut amener des résultats inespérés ; surtout dans les affections nerveuses, dont les symptômes sont si variables, si bizarres et les causes si mystérieuses.

Mlle de A***, de Valence (Espagne), âgée de 28 ans, née de parens herpétiques, fut sujette à des éruptions fugaces qui disparaissaient et revenaient sans qu'on s'en occupât.

Il y a cinq ans environ, à la suite d'un gros catarrhe Mlle de A*** éprouva une toux sèche, fatigante, accompagnée de cris extraordinaires, de véritables hurlemens, qui se faisaient entendre à de très-grandes distances ; — cette affection se compliqua bientôt de tiraillemens et de douleurs dans le creux de l'estomac, ainsi que d'un malaise et d'une grande anxiété ; — enfin des vomissemens arrivèrent et finirent par se reproduire plusieurs fois après chaque repas, quelque léger qu'il fût ; — l'exercice le plus modéré occasionnait chez elle une grande fatigue ; la moindre marche provoquait des étouffemens, des palpitations.

La malade perdit l'appétit, éprouva des flutuosités et des gonflemens de l'abdomen pendant la digestion ; la constipation alternait toujours avec la diarrhée. — Dès le commencement de son affection, elle se confia à plusieurs médecins très-expérimentés de l'Espagne, qui ne négligèrent rien pour porter quelque soulagement à ses symptômes bizarres et même effrayans. — Mais ce fut toujours en vain, malgré la diversité des remèdes et l'énergie des traitemens. C'est dans cette position qu'elle vint au Vernet, au mois de juillet 1849 ; le traitement consista surtout en bains sulfureux, douches sur les pieds, et bains de vapeur. — Cette médication a été continuée jusqu'au mois d'octobre. La malade se trouva mieux, et s'en retourna chez elle ; — le mieux dura jusqu'au mois de janvier 1850 ; à cette époque, sans cause connue, les douleurs de l'estomac recommencèrent avec une nouvelle violence, les vomissemens devinrent très-fatigans, et il s'y joignit un trouble général dans les fonctions du système nerveux. — Au mois de juin elle se rendit de nouveau à Vernet ; cette fois pour combattre les symptômes spasmodiques de nature hystérique ; je crus devoir joindre à l'action des eaux sulfureuses les douches jumelles, c'est-à-dire, alternativement chaudes et froides autour du bassin ; — leur effet fut prompt et décisif ;

— aujourd'hui la malade est parfaitement rétablie, et s'en retourne chez elle dans le même état qu'avant le début de la première maladie. — Il est évident pour moi que, malgré la prédominance de l'affection herpétique, les symptômes *nerveux hystériques* n'auraient pas cédé à l'action seule des eaux sulfureuses sous toutes les formes, sans l'action perturbatrice et puissante des douches froides, succédant tout-à-coup aux douches très-chaudes, dans les conditions les plus favorables à la réaction; j'aurai craint d'ailleurs une répercussion de l'affection herpétique, si la malade n'eût été complètement enveloppée de vapeur sulfureuse aussi chaude qu'elle pouvait la supporter. Mais il faut pouvoir les associer à volonté, en toute proportion, et par conséquent les avoir sous la main à discrétion, pour en modifier les effets les uns par les autres, suivant les cas et les indications du moment. C'est un des grands avantages qu'on trouve réunis aux anciens thermes de Vernet.

Il en est d'autres, plus spéciaux et plus importans encore, qu'on ne peut se procurer partout, parce qu'ils tiennent à des conditions locales auxquelles rien ne peut suppléer.

La source la plus chaude des anciens thermes, celle qui fournit aux douches, est située plus haut que l'établissement et peut être amenée, par conséquent, dans toutes ses dépendances. Le professeur Lallemand et le général Poncelet, se trouvant en même temps à Vernet, conseillèrent aux propriétaires d'utiliser cette source, en hiver, pour chauffer leur établissement. —Pleins de confiance dans les prévisions médicales de l'un, aidés par l'expérience de l'autre en hydrolique, ils établirent, en effet, un système de chauffage complet, dans le genre de celui de M. Duvoir, avec cet avantage qu'ils n'avaient pas à s'occuper des frais de combustibles.

Ce système procura, l'hiver suivant, dans toutes les parties de l'établissement, une température de 15 à 18°, constante dans les mêmes points, différente suivant le voisinage de la source et la distribution des conduits. — La même température ne pouvant convenir exactement à tous les malades, il fallait bien qu'elle pût varier dans chaque appartement, pour que chacun pût choisir ce qui lui allait le mieux. Les escaliers abrités par une cage de verre; les corridors, les salons de réunion, la salle à manger, etc., etc., participent à cette égalité de température, qui se trouve précisément celle qu'on avait désirée, comme la plus convenable aux malades. Au reste, elle pouvait être élevée ou abaissée, en augmentant ou en diminuant l'ouverture de la prise d'eau. Mais une fois établie expérimentalement, elle ne baissa pas d'un degré dans les nuits les plus froides. Ce qui se conçoit, puisque le courant d'eau sulfureuse dans les tuyaux ne variait pas plus que la source elle-même. —- Enfin, il restait encore dix fois plus d'eau qu'il n'en fallait pour l'administration des douches et des vapeurs pendant la saison d'hiver. D'un autre côté, les appartemens des baigneurs, communiquant avec les douches, avec le *vaporarium*, avec les bains, ainsi qu'avec la *salle d'aspiration*, sans interruption de cette température moyenne et constante, il était possible, il était même facile d'administrer les eaux de Vernet, *sous toutes les formes*, en hiver aussi bien qu'en été. Les conditions cherchées par les deux savans, par les deux amis qui s'étaient rencontrés dans la même pensée, ces conditions étaient obtenues, réalisées par les propriétaires de l'établissement.

Une chapelle élégante en style gothique, peinte et décorée dans le même goût, vient d'être établie dans l'intérieur même de l'établissement, pour le service des malades en hiver. La température constante est de 18° comme celle des chambres.

Toutes fois, il faut en convenir, les malades ne peuvent rester indéfiniment confinés dans la même température quelqu'agréable qu'elle puisse leur paraître d'abord, et quelle que soit l'étendue de l'espace dans lequel ils peuvent se mouvoir, se réunir et chercher des distractions. Ils ont besoin de respirer de temps en temps l'air extérieur, pour ne pas s'étioler et perdre leur énergie. C'est ici que le climat est venu fournir une de ces conditions de succès qu'on peut mettre à profit, mais qu'aucune puissance humaine ne saurait créer.

Le bassin au milieu duquel est situé le Vernet se trouve dominé, de tous côtés, par des montagnes très élevées, qui le protègent contre les vents impétueux qui bouleversent si souvent la plaine du Roussillon ; et l'on sait combien la rapidité des vents augmente l'impression produite par le froid. Au reste, la végétation d'un pays permet d'en juger le climat.

Il est peu d'habitans de Vernet qui n'aient, en plein champ, des lauriers de la plus belle venue, sans qu'ils s'occupent de les protéger contre le froid, ou de leur choisir une exposition favorable. Ce fait seul suffirait pour donner une idée de la douceur des hivers, de ses effets ; la température descend rarement à 2° au-dessous de zéro *pendant la nuit*; et la neige, assez rare du reste à Vernet, est bientôt fondue dans les parties déclives, où le soleil concentre son action comme au foyer d'un miroir à reverbère. Les routes entretenues avec des matériaux granitiques laissent écouler rapidement les pluies, qui durent peu d'ailleurs ; à peine le ciel a-t-il repris sa pureté, sa transparence habituelle et sa teinte bleue foncée, que les malades peuvent se promener à pied sec, ou du moins sans craindre la boue.

On pourrait croire que je juge trop favorablement le climat de Vernet, par comparaison avec celui dans lequel j'ai vécu; mais on ne reniera pas sans doute le témoignage d'Ibrahim-Pacha, de Soliman-Pacha et de bien d'autres égyptiens habitués au beau ciel d'Egypte. De retour au Caire, le vice-roi n'oublia pas qu'il avait été guéri, pendant l'hiver, à Vernet, d'une bronchite chro-

nique, contractée dans la campagne du Liban, et que
rien n'avait pu seulement diminuer depuis huit ans ; aussi
s'empressa-t-il d'envoyer au Vernet ceux des fonctionnaires auxquels il portait le plus d'affection, et cela,
non pas en été, mais en automne, *pour y passer l'hiver.*

Cependant l'hiver est, sans comparaison, la plus belle
saison de l'Egypte. Après avoir obéi, par soumission
pure, ces mêmes fonctionnaires, de retour en Egypte,
avaient si bien changé d'opinion, qu'ils firent à leur tour,
pour quelques employés ou serviteurs de leur maison,
ce que Ibrahim avait fait pour eux ; toujours *en hiver,*
qu'on veuille bien le remarquer, et ce ne pouvait être
par esprit de courtisanerie, car alors le vice-roi n'existait
plus. — C'est ainsi que Ratib Effendi fut envoyé l'année
dernière par le grand amiral d'Egypte.....

Faut-il maintenant examiner sérieusement s'il est
avantageux de pouvoir user des eaux thermales en hiver
aussi bien qu'en été ; s'il est désirable de ne pas être
obligé d'attendre la saison *officielle* pour guérir ; s'il n'est
pas préférable au contraire de se rétablir dans la mau-
vaise saison pour arriver au printemps, en pleine conva-
lescence, dans l'espoir fondé d'éviter des rechûtes en
ayant devant soi six mois de beau temps, au lieu de
revenir en automne pour retrouver bientôt les mêmes
conditions fâcheuses, qui ont produit ou favorisé le déve-
loppement du mal. Il suffit, je crois, de poser ces ques-
tions pour que chacun puisse y répondre. Elles sont d'ail-

leurs jugées par le fait même dans ces malades qui vont en masse, tous les ans, demander à l'Italie un beau climat pour passer l'hiver. Mais celui du Roussillon n'est pas moins beau, et dans aucun point de l'Italie on ne trouve d'établissement thermal disposé pour recevoir des malades en hiver.

Il est reçu depuis long-temps que les eaux ne peuvent être administrées que dans la plus belle *saison des eaux.* On ne s'est guère élevé jusqu'à présent contre ce préjugé, parce qu'il est généralement fondé ; mais tout dépend des conditions dans lesquelles se présente le problème à résoudre. Quoi qu'on fasse, à Barèges, à Cauteret, à Luchon, etc., etc., on n'aura jamais, en hiver, un climat supportable, surtout pour des malades, et les praticiens qui connaissent les localités se garderaient bien d'avoir seulement la pensée d'y envoyer leurs cliens, dans une pareille saison. — Cela se conçoit parfaitement. — Mais il n'en est pas de même du Roussillon.

Il y a dans le département des Pyrénées-Orientales des eaux alcalines aussi riches que celles de Vichi ; des eaux ferrugineuses qui valent celles de Spa, où, depuis septembre jusqu'en juin, bien des malades auraient besoin d'en faire usage. — Que manque-t-il pour qu'ils y affluent ? des établissemens convenables pour les recevoir, car le climat ne laisse rien à désirer.

Que chacun tire donc de ses avantages naturels le plus grand parti possible, tout le monde y gagnera, et l'humanité souffrante avant tout. Puissent les succès de Vernet encourager les plus timides dans cette voie nouvelle ! La témérité ne consiste pas à sortir de l'ornière, en suivant la raison et l'analogie, mais à lutter contre des affections graves, invétérées, avec de faibles moyens, employés trop tard, au lieu d'utiliser les modifications les plus puissantes que la nature met si liberalement à notre disposition.

PIGLOWSKI.

Docteur-médecin, inspecteur des eaux de Vernet.

A la notice *médicale* qui précède, les propriétaires des anciens thermes croyent devoir ajouter les renseignemens suivans :

L'ancien établissement, qui permet de traiter les malades en hiver comme dans les autres saisons, contient 50 chambres. Dans une salle à manger, assez vaste pour recevoir 95 personnes, est la table d'hôte, commune à tous les baigneurs.

Le prix du logement et de la nourriture est de six francs par jour. Le logement se compose d'une chambre à un lit, confortablement meublée et pourvue de tous les accessoires nécessaires à un malade. La nourriture consiste en un déjeûner et un dîner, abondamment servis par un excellent chef de cuisine à demeure pendant toute l'année ; les consommations prises hors des repas se payent à part, mais à des prix très modérés.

Ceux des malades qui seraient obligés de suivre un ré-
gime particulier, *prescrit par le médecin*, pourront
être servis chez eux sans augmentation du prix ordinaire
de la table d'hôte.

Les domestiques ne payent que moitié, à moins qu'ils
n'occupent une chambre de maître. Dans ce cas seulement le prix est de quatre francs au lieu de trois.

Le tarif des *bains, douches* et *vapeurs*, y compris le
linge, est de un franc.

L'usage des eaux *en boisson* est tout-à-fait gratuit,
pour les baigneurs. Il en est de même de la salle *d'aspiration du tube de vapeur* et du chauffage des chambres
par l'eau chaude.

Un salon aussi vaste que la salle à manger, élégam-
ment décoré, pourvu d'un excellent piano, des trictracs,
d'échiquiers, etc., est ouvert à tous les baigneurs sans ré-
tribution ni abonnement; les frais d'éclairage, d'entretien
étant faits spontanément par les propriétaires.

Une remise, pouvant contenir quinze voitures, une
écurie à l'avenant, sont groupés autour du bâtiment, et
commodément placés pour le service.

Le bâtiment du Petit St-Sauveur est composé de trois
étages au dessus du rez-de-chaussée, où se trouvent les
bains de cet établissement ; il contient quarante lits de
maître. Le premier étage, distribué dans le principe,
meublé et décoré pour recevoir S. A. Ibrahim Pacha,
est conservé dans le même état, avec ses meubles de **Pa-**

lissandre , etc. Seulement , il peut être divisé en deux parties distinctes , ayant chacune leurs terrasse et des accessoires pour loger des familles riches et nombreuses. Ces logemens, bien entendu , se payent plus cher que le tarif , mais non dans la proportion de ce qu'ils ont coûté.

Le bâtiment appelé *la Préfecture* , parce qu'il fut construit par un des préfets des Pyrénées-Orientales , présente par cela même des distributions qui permettent de recevoir des familles ou des amis qui désireraient vivre en commun , dans un site pittoresque et un peu isolé. Les propriétaires, désirant donner satisfaction à ce désir de retraite , mettent à la disposition des malades cette maison, contenant six chambres de maître , meublées et décorées avec goût, deux chambres de domestique, une salle à manger, un salon de compagnie , une cuisine. Le tout pour **20 f.** par jour, se chargeant de toutes les fournitures nécessaires dans un ménage , y compris le linge et l'argenterie ; excepté le bois , le charbon et les comestibles.

Un café pour l'été , construit près d'un torrent pittoresque , abrité par de grands arbres, et muni d'un excellent billard , est tenu , pour les baigneurs seulement, par un cafetier glacier bien au courant de tout ce qui concerne son état.

Enfin, les propriétaires, voulant mettre les eaux à la portée de toutes les conditions, ont consacré l'établissement thermal dit *la mère source* à l'usage de ceux qui ont d'autant plus besoin de santé que leur avoir est plus modique; diverses dispositions leur permettront de faire des économies sur des dépenses auxquelles ils ne sont pas habitués, sans que leur traitement en soit moins efficace, et sans qu'ils cessent d'être entourés d'autant de soins et d'attentions que les plus riches.

Des cuisines communes à chaque étage permettront à chaque famille de se nourrir à leur guise. Les chambres du rez-de-chaussée sont fixées à un franc par jour, le linge non compris. Celles du second, par personne, bain et coucher à un franc, sans linge. Les bains des personnes logées au rez-de-chaussée et au premier se payeront 75 c ; les douches et vapeurs se payeront au même prix des bains pour les trois étages. 60 personnes pourront se loger dans cet établissement, qui offre les mêmes avantages que celui des anciens bains, dans ce sens qu'on peut y suivre un traitement thermal complet en bains, douches et vapeurs, et tout cela sans sortir à l'air extérieur.

Coup d'œil sur les environs de Vernet.

Les environs de Vernet et de la petite commune de Casteil, qui est au fond de la vallée, sont très riches pour l'amateur de l'histoire naturelle (botanistes, géologues ou minéralogistes).

Non loin de Vernet, se trouvent les mines de fer de

Torrent, d'Escaro, de Fillols, les mines de cuivre de Canaveilles.

Peu de localités sont aussi propres à satisfaire ce goût si généralement répandu qui fait trouver tant de charmes à contempler les sites des montagnes. Au nombre des excursions que peuvent entreprendre les personnes qui fréquentent les établissemens thermaux de Vernet, on doit citer la visite des ruines de l'antique monastère de St.-Martin de Canigou et l'ascension au sommet du Canigou lui-même.

Au début du 11ᵉ siècle, les scrupules et la piété de Guifred, comte de Cerdagne, et de Guisla, sa femme, avaient édifié, non loin de Vernet, à côté de la commune de Casteil, le monastère de St-Martin de Canigou, qui fut doté richement.

L'aspect sauvage du lieu, son horizon hérissé d'aiguilles granitiques, la profondeur de ses abîmes, contrastent admirablement avec la beauté de la chaussée qui conduisait au monastère, avec le nombre de ses terrasses, la richesse des cultures, et les soins que l'industrie des cénobites avaient pris pour embellir leur paisible Chartreuse. Le couvent, sécularisé en 1789, fut délaissé bientôt après; l'édifice et ses dépendances ne tardèrent pas à tomber en ruines; celles que les curieux visitent encore aujourd'hui, avec intérêt, ne sont pas l'unique ouvrage du temps, auquel rien n'échappe; on y trouve de tous côtés l'empreinte de la main de l'homme, plus dévastatrice encore.

L'ascension au sommet du Canigou n'est pas moins intéressante ; sa hauteur est de 2,832 mètres au-dessus du niveau de la mer ; son aspect est majestueux, parce qu'il est placé en avant de la chaîne des Pyrénées, et à 40 kilomètres de distance de la Méditerranée ; malgré sa grande élévation, son sommet est abordable ; on est conduit par des guides très-habitués qui font éviter les moindres dangers.

Lorsqu'on est parvenu à ce grand observatoire, pourvu que le temps soit favorable, il est difficile de ne point éprouver de ces émotions fortes que ne manque guère d'exciter un tableau aussi imposant. Tandis que l'explorateur aperçoit à ses pieds de noirs abîmes , de redoutables précipices et d'éternels glaciers de la montagne, il voit se dérouler de tous côtés autour de lui un horizon immense où figurent, dans un admirable panorama, dont la Méditerranée forme le second plan , les plages du Lampourdan, les champs de la Catalogne, une longue suite de monts Pyrénéens, les vastes plaines du Roussillon, et dans le lointain, dans un rayon de plus de 400 kilomètres, les parties les plus découvertes de plusieurs départemens méridionaux.

D'autres points méritent encore d'exciter la curiosité des baigneurs. L'abbaye de St.-Michel-de-Llotes, située non loin de Prades, offre de l'intérêt ; quoique presque entièrement détruite par suite des révolutions, on y trouve des ruines assez remarquables.

La grotte de Villefranche, qui fait partie des fortifications ; cette place est également visitée ainsi que le fort construit par Vauban, la prison dite des dames et les galeries couvertes ; la grotte de Fuilla, par son accès et sa profondeur, est extrêmement remarquable. Une journée ne suffit pas pour la parcourir ; on y distingue très-visiblement et à sec des traces d'un ancien lit de rivière, marqué par des bancs de sable et de cailloux granitiques ; des colonnes énormes, formées par les filtrations, semblent supporter la montagne qui est au-dessus.

Les forges de Sahorre, celles de Ria avec son laminoir, présentent aussi de l'intérêt, c'est encore un but de promenade.

La fameuse fontaine de las Esquières, située dans l'étroite vallée de Casteil, où l'on va faire habituellement des déjeûners en été, a l'avantage si généralement goûté de glacer le café au lait qu'on y porte dans des cruches, et que les dames trouvent si agréable à prendre.

Tous ces points sont explorés alternativement par les personnes qui viennent à Vernet pendant la saison des eaux ; pas un seul de ces points, si ce n'est la mine de cuivre de Canaveilles, n'est assez éloigné pour qu'en partant le matin on ne puisse rentrer pour le dîner du soir à 5 heures.

DE LACVIVIER et COUDERC.

FIN.